EXPOSITION UNIVERSELLE DE 1867

A PARIS

CLASSE 66 bis

SECTION TROISIÈME

ENGINS DE SAUVETAGE

ÉTUDE

SUR LES APPAREILS DE SAUVETAGE DESTINÉS A RAMENER A FLOTTAISON LES NAVIRES ÉCHOUÉS SOUS L'EAU

Extrait du rapport
adressé par le Jury à S. Exc. M. ROUHER, *Ministre d'État*

PARIS

IMPRIMERIE DE JULES-JUTEAU ET FILS

Rue Saint-Denis, 341

1868

[1] Jury spécial (arrêté du 20 avril 1867). Président : G. BENOIT-CHAMPY; BRUEYRE lieutenant de vaisseau; DASSY; J. CONVERS, ingénieur de marine; FLEURET; Edgard POTHIER, capitaine d'artillerie.

EXPOSITION UNIVERSELLE DE 1867

A PARIS

CLASSE 66 bis [1]

SECTION TROISIÈME

ENGINS DE SAUVETAGE

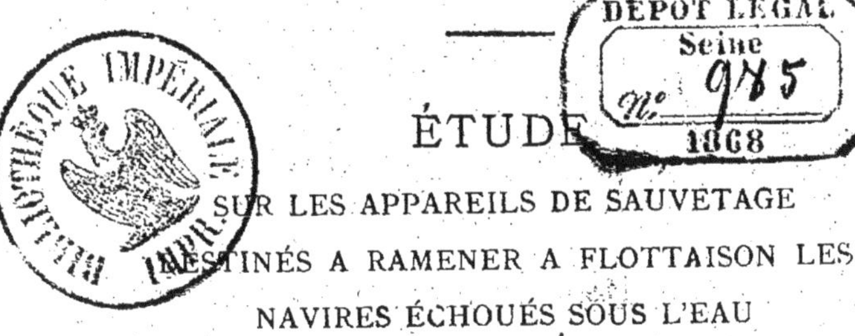

ÉTUDE

SUR LES APPAREILS DE SAUVETAGE DESTINÉS A RAMENER A FLOTTAISON LES NAVIRES ÉCHOUÉS SOUS L'EAU

Extrait du rapport
adressé par le Jury à S. Exc. M. Rouher, *Ministre d'État*

PARIS

IMPRIMERIE DE JULES-JUTEAU ET FILS

Rue Saint-Denis, 341

1868

1 Jury spécial (arrêté du 20 avril 1867). Président : G. Benoit-Champy; Brueyre lieutenant de vaisseau; Dassy; J. Convers, ingénieur de marine; Fleuret; Edgard Pothier, capitaine d'artillerie.

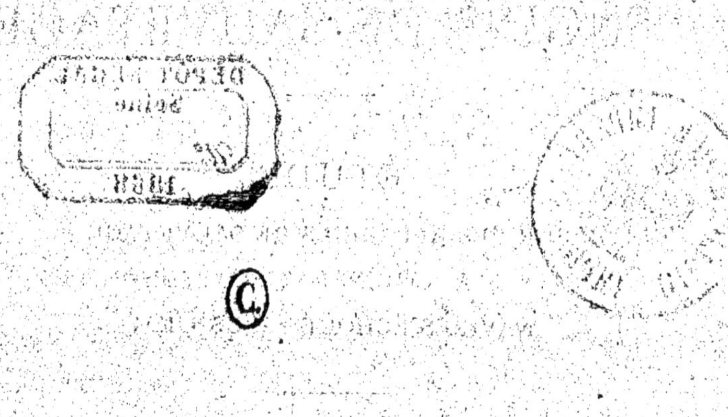

ETUDE

sur les

APPAREILS DE SAUVETAGE

DESTINÉS A RAMENER A FLOTTAISON

LES NAVIRES ÉCHOUÉS SOUS L'EAU

INTRODUCTION

Chaque année, de nombreux naufrages font disparaître de grandes richesses. Non-seulement quelques familles sont atteintes dans leurs intérêts, mais la société tout entière subit le contre-coup de cette disparition funeste d'une grande quantité de valeurs.

Les sociétés d'assurances rendent assurément alors d'importants services. Elles répartissent entre plusieurs intéressés le choc qui, sans elles, serait le plus souvent supporté par un seul et rendrait ainsi impuissant l'homme peut-être le plus capable de réparer le désastre, grâce à son activité et à son intelligence. Mais elles ne font pas reparaître dans la circulation les matières enfouies sous l'eau. La perte, pour la société entière, reste toujours la même. Les prix du marché sont modifiés; l'équilibre nouveau des valeurs, qui en résulte, peut apporter une diminution sensible dans le bien-être matériel de tous.

Le problème du sauvetage des navires échoués sous l'eau, à des profondeurs plus ou moins grandes, présente donc un intérêt incontestable. Et cependant il faut l'avouer, il a jusqu'aujourd'hui préoccupé fort peu le public.

Cette indifférence a été justifiée par l'imperfection des moyens proposés par les différents inventeurs qui ont étu-

ni travailler. L'expérience a prouvé qu'il ne fallait pas espérer opérer sous l'eau à des profondeurs plus grandes que 50 mètres.

En parlant du sauvetage des navires submergés, nous admettrons donc implicitement que la mer, à l'endroit du naufrage, a une profondeur inférieure à cette limite.

Cette hypothèse admise, le plongeur peut, au moyen des procédés connus, reconnaître l'emplacement occupé par l'épave au fond de la mer. Il peut même séjourner quelque temps dans l'eau et fixer des amarres aux différentes parties du corps submergé. A l'aide de machines élévatoires, on peut appliquer à l'extrémité d'une chaîne suffisamment résistante, une force capable de relever le fardeau suspendu à l'autre bout. Rien de plus simple à concevoir théoriquement, mais quelles difficultés dans l'application ! Tant que l'objet relevé sera dans l'eau, il faudra que le moteur développe une certaine force. Dès qu'il émergera, il faudra que cette force augmente du poids du volume d'eau qui était déplacé et qui n'a plus alors aucune action de poussée. Et cette différence ne sera pas minime, car s'il s'agit d'un navire, elle s'élèvera au moins à quelques milliers de kilogrammes. Machines difficiles à établir, moteur d'une puissance considérable, déperdition énorme de force par suite des transmissions de mouvement multiples, travail peu rapide, puisqu'il exige de nombreuses courses du plongeur, tels sont quelques-uns des inconvénients que présente ce procédé de sauvetage.

Néanmoins il a été quelquefois employé, mais toujours pour relever des épaves de petit volume, dont la valeur considérable rendait peu appréciable la dépense des opérations. Aujourd'hui des procédés plus perfectionnés sont connus. Il serait superflu d'insister davantage sur un système aussi défectueux que nous n'avons rappelé que pour mémoire.

Passons donc de suite à l'examen des nouveaux systèmes qui tous emploient comme force motrice la poussée que produisent les liquides sur les corps de moindre densité.

II. — EMPLOI DES PONTONS ET DE LA VARIATION DU NIVEAU DES EAUX PAR L'ACTION DE LA MARÉE

Sur les côtes où se fait sentir l'action de la marée, la différence entre les niveaux de l'eau à haute et basse mer est de plusieurs mètres. Lorsque le navire échoué est reconnu, des plongeurs vont le fixer à des amarres que l'on relie à de forts pontons. A l'heure de la basse mer, ces amarres, fortes et en grand nombre, sont tendues. La mer, dans son mouvement ascendant, élève tout le système qui est remorqué avec précaution jusqu'à un endroit moins profond où le navire s'échoue de nouveau. Au moment de la nouvelle basse mer, les amarres sont encore raidies et l'opération se renouvelle ainsi jusqu'à ce que le navire soit amené sur un point de la côte découvert à marée descendante. Le sauvetage alors s'effectue. Le navire peut quelquefois même être réparé suffisamment pour flotter à marée haute et entrer au bassin de réparation.

Ce procédé de sauvetage exige un grand nombre d'opérations souvent interrompues par les mauvais temps. Il peut être applicable, sans doute, lorsque le naufrage a eu lieu très près d'une côte où la marée se fait fortement sentir. Mais là, où la marée est forte, les courants agissent de manière à rendre bien délicate la conduite d'un navire suspendu. Mille difficultés surgissent. Parfois le courant a jeté tout le système en dehors de la route à suivre. Il faut revenir en arrière, perdre un temps précieux, puisque chaque opération demande 12 heures.

De plus, relier le navire au ponton est un travail long et généralement très imparfaitement exécuté, car le plongeur agit à la hâte et avec une certaine gêne. Cependant la rupture d'une seule amarre peut compromettre le résultat ou du moins retarder beaucoup sa réalisation.

Enfin, pour que le procédé soit applicable, la condition essentielle est l'action de la marée. Nous savons, il est vrai, que l'on a proposé de suppléer à cette action au moyen de pontonsqui, chargés, enfoncent beaucoup dans l'eau. Les cordages sont alors raidis et relèvent le navire lorsque le ponton déchargé est soulevé par la poussée de l'eau. Mais ce procédé nous semble chimérique. Si la profondeur est assez grande, l'allongement des amarres sous l'action d'une grande tension compensera l'élévation résultant de la variation du niveau de l'eau par rapport au ponton. En outre, le transbordement des fardeaux qui font varier l'enfoncement du système est une main-d'œuvre tellement coûteuse que, dans la plupart des cas, il faut renoncer au sauvetage. Il suffit, pour s'en convaincre, de réfléchir sur le grand nombre des opérations successives et sur le grand poids des fardeaux, poids qui doit être plus considérable que celui du navire échoué.

III. — CHAPELETS DE BARRIQUES

Lorsque le plongeur a reconnu l'emplacement du navire submergé, des tonnes vides amarrées les unes aux autres de manière à former un chapelet, sont amenées flottantes au lieu du sinistre. A chacune de ces tonnes est appliqué un poids qu la fait enfoncer à un profondeur convenable au-dessous du plan de flottaison. Cette profondeur ne peut dépasser celle qui correspond à une pression capable de briser les parois de la barrique.

La tonne descendue est fixée par un cordage au navire échoué. Le poids, qui a servi à la descente, est enlevé et le navire est tiré par la corde avec une force égale à la poussée de l'eau sur la barrique. Cette poussée est exprimée par la différence entre le poids du volume d'eau déplacé et le poids de la tonne dans l'air.

Quel que soit le navire échoué, on pourra, avec un nombre suffisamment considérable de barriques, employées comme il vient d'être dit, l'enlever du sol à une hauteur égale à l'enfoncement des barriques. Car, dès que la somme des forces ascensionnelles sera assez grande, le chapelet remontera à la surface de l'eau et les cordages tireront, à une hauteur sensiblement égale, la masse submergée.

Appelons P le poids dans l'air de cette masse submergée et V son volume ou le poids du même volume d'eau. La différence (P—V) sera le poids à soulever.

Soient p le poids dans l'air d'une barrique, v son volume, n le nombre de tonnes constituant le chapelet. La force ascensionnelle sera sensiblement égale à

$$n\,(v-p)$$

Dès que l'on aura

$$(v-p)\,n > (P-V)$$

ou

$$n > \frac{P-V}{v-p}$$

l'ascension du navire aura lieu.

La hauteur h de cette ascension dépendra de la résistance des parois des tonnes. Car, si nous appelons π la pression de l'atmosphère et ω la pression d'une colonne d'eau de 1^m de hauteur, nous aurons, pour la pression exercée intérieurement sur les parois de la tonne, la valeur π. Quant à la pression extérieure, elle sera égale à la somme $\pi + \omega h$. La différence de ces deux forces ou leur résultante ωh devra être plus petite que la charge de rupture; donc h ne peut dépasser une certaine limite. C'est du reste ce que confirme l'expérience. Dans la pratique on se sert de barriques ordinaires que l'on fait descendre à une profondeur qui varie de 5 à 6 mètres seulement.

Le navire peut donc être relevé d'une hauteur h. Par une opération nouvelle et analogue, on le relèvera encore d'une même quantité, de sorte que si la profondeur d'immersion est $H = m\, h$, au bout de m opérations, le navire sera théoriquement ramené à flottaison.

Mais il est facile de concevoir que cette méthode présente de graves inconvénients qui, souvent, en rendent l'application impossible. Le nombre des opérations, la multiplication des descentes du plongeur, le long temps passé à fixer les cordages élèvent considérablement le prix de revient du sauvetage. Bien plus, les barriques forment à la flottaison un plancher qu'il faut étendre sur une surface de plus en plus grande à mesure qu'augmente le nombre des opérations successives. Il en résulte que l'obliquité très-grande des amarres décompose la force de poussée et détruit une partie de son effet. Enfin, dès que les mâts arrivent à la surface, il faut les couper et détruire ainsi une notable fraction des valeurs à sauveter.

L'emploi du chapelet de barriques ne saurait être d'un usage pratique pour les sauvetages à de grandes profondeurs. Mais il rend de grands services toutes les fois que les barriques peuvent être appliquées aux flancs du navire. C'est ainsi que l'on opère, lorsque le bâtiment échoué est abandonné par les eaux à marée basse. Le chapelet de barriques le met à flot, à l'heure de la haute mer, et permet de le remorquer jusqu'à la cale où il sera réparé.

IV. — SYSTÈME DE M. BAZIN

M. Bazin fait reconnaître l'épave au moyen d'un observatoire sous-marin. L'emploi de cet instrument élimine les inconvénients des scaphandres, en permettant à l'homme de pénétrer à des profondeurs considérables. Mais, par compensation, le plongeur ne peut, à l'aide de cet engin, exécuter un grand travail. Il peut voir l'épave, constater l'emplacement qu'elle occupe, et, tout au plus, se servir d'un bras pour de petites manœuvres exigeant peu de force, comme l'indique M. Jobart dans la description de l'explorateur sous-marin de son invention.

L'épave reconnue, l'appareil sauveteur est disposé à la surface de l'eau. Il se compose essentiellement d'un grand cylindre métallique supportant un immense filet dont les mailles sont formées de cordages très-résistants. Les extrémités de ce filet, armées de gros boulets très-pesants, sont soutenues flottantes par un tube en caoutchouc parfaitement imperméable et rempli d'air. L'enlèvement de ce flotteur permet au filet de plonger sous l'action du boulet. Le navire est alors saisi par la pression des poids et est relevé avec tout le système, au moyen de la poussée produite par l'injection de l'air dans les tubes.

Nous ne savons si ce procédé de sauvetage a été souvent employé et s'il a réussi. Quoi qu'il en soit, son application ne nous semble possible que pour les navires de petit tonnage. Nous n'examinons pas les difficultés d'exécution que doit présenter l'immersion de cette enveloppe gigantesque et qui nous paraissent insurmontables. Mais est-il possible d'obtenir une force de poussée assez grande pour qu'en utilisant seulement la fraction résultant du frottement ou de la compression, on puisse enlever une masse aussi considérable qu'un gros bâtiment? En admettant même qu'on ait réussi à effectuer l'enlèvement, le navire restera suspendu entre deux eaux, et ne sera remorqué que jusqu'au point voisin de la côte où la profondeur est égale à la longueur du filet replié. Car, à cet endroit, il échouera de nouveau. Il faudra une autre opération pour le conduire au bassin.

Sans doute, si l'action de la marée se fait sentir, on conduira le bâtiment, grâce à la variation du niveau des eaux, jusqu'en un point découvert à mer basse. Mais ce sera à la condition de détruire, avant la première opération, les mâts dont l'élévation, augmentant la longueur du filet, entraînerait l'échouage à une profondeur trop grande.

Le système de M. Bazin, tel qu'il est connu de nous, paraît donc encore bien imparfait. Nous avons entendu dire que l'inventeur avait apporté récemment de grands perfectionnements à son procédé ; mais nous n'avons pu nous renseigner d'une manière suffisante à ce sujet pour insister plus longuement sur les avantages et les inconvénients de ce système de sauvetage.

V. — EMPLOI DES OUTRES ET DE L'AIR COMPRIMÉ.

Un moyen très-ancien et qui a paru toujours, au premier abord, devoir réussir, consiste à descendre des outres dégonflées dans les différentes parties du navire et à les amarrer aux épaves que l'on veut retirer. A l'aide d'une pompe foulante et de tuyaux qui communiquent avec les outres, on envoie une quantité d'eau suffisante pour augmenter le volume et par suite produire, par la différence des densités, une force ascensionnelle capable de relever les objets amarrés.

Le procédé paraît sans doute des plus simples, mais il est susceptible de beaucoup d'objections.

D'abord, et nous y reviendrons plus loin encore, le refoulement de l'air à l'aide de la pompe se fait par secousse; à chaque coup de piston, un choc se produit dans les tuyaux de communication et, si la pression de l'air refoulé devient grande, peut déterminer dans les appareils une lésion qui arrête le travail.

En second lieu, si la profondeur est considérable, 50 mètres par exemple, la pression de l'eau sur le fond sera environ de 5 atmosphères, et un objet plongé supportera cette charge plus celle de l'atmosphère; soit pression de 6 atmosphères. Pour gonfler l'appareil, il faudra donc introduire une quantité d'air considérable, puisque ce gaz devra être à la tension de 6 atmosphères.

L'outre remplie remontera à la surface, conservant, à l'intérieur, cette énorme pression, tandis qu'à l'extérieur elle ne supportera plus qu'une atmosphère; ses parois devront donc résister à une charge de 5 atmosphères, charge excessive pour des corps de l'espèce de ceux employés. Il y aura rupture, soit dans l'ascension, soit à la flottaison, et tout le système retournera au fond. Aucun résultat n'aura été obtenu.

Enfin, il est douteux que l'on puisse, à de grandes profondeurs, faire parvenir l'air en volume considérable, comme l'exige la haute pression qu'il doit avoir. Pour conduire l'air, il faut le faire écouler par les tuyaux de conduite. Or, ou bien ces tuyaux auront un petit diamètre, ce qui leur donnera plus de résistance, et il faudra alors un long temps pour l'introduction du fluide, ou bien ces tuyaux auront un plus grand diamètre, et il faudra qu'ils possèdent des parois épaisses et par suite un poids qui rendra la manœuvre longue et difficile. Dans l'un et l'autre cas, il sera donc nécessaire d'employer une force motrice coûteuse pour injecter des centaines de mètres cubes d'air à une pression qui implique un travail excessif de la pompe. Et de plus, l'action de forces si considérables, dès que l'équilibre de pression cessera d'exister, occasionnera assurément mille accidents difficiles sinon impossibles à prévenir.

VI. — SYSTÈME DE M. CARVALLO.

Le système de M. Carvallo diffère peu en principe du précédent dont il est un perfectionnement. Aux outres sont substitués des ballons imperméables d'une forme étudiée pour qu'ils restent toujours dans la position verticale. Ces ballons sont terminés à leur partie inférieure par un étranglement armé d'une virole solide qui reste ouverte. Ils sont amarrés à la coque du navire par un filet de cordages qui les entoure.

Les ballons, placés par les plongeurs, sont successivement remplis d'air, à l'aide d'une pompe foulante. Ils déterminent l'ascension, dès que le gonflement est suffisant pour déplacer un cube d'eau d'un poids supérieur à la résistance à vaincre.

Grâce à l'orifice inférieur, les gaz en excès s'écoulent pendant l'ascension et la pression intérieure se met d'elle-même en équilibre avec la pression extérieure. C'est parer à l'inconvénient que nous avons signalé plus haut. Ici le ballon doit perdre du gaz en remontant de manière qu'à la flottaison il soit intérieurement soumis à la seule pression de l'atmosphère; le principe est excellent, mais l'application difficile. Si le ballon a un volume égal à un mètre cube, par exemple, et qu'il emploie cinq minutes à remonter de 50 mètres à la surface, il devra évacuer environ 5,000 litres d'air pendant ce court espace de temps. Or, ne faudra t-il pas, pour une semblable évacuation, un orifice considérable permettant un débit aussi volumineux.

Quoi qu'il en soit, le perfectionnement est notable; d'un système, impossible pour les grandes profondeurs, M. Carvallo a fait un système pratique auquel il reste malheureusement à reprocher l'injection de l'air à l'aide d'une pompe foulante.

C'est en effet une difficulté presque insurmontable qu'introduire dans chaque ballon exactement le volume d'air nécessaire à une pression aussi considérable que celle supportée extérieurement par le corps plongé. Il faut y faire attention, l'enveloppe d'un ballon n'a pas la résistance d'une chaudière à vapeur, et elle sera infailliblement rompue si l'on fait marcher une ou deux courses de trop au piston de la pompe.

Enfin, les secousses de refoulement de la machine sont autant de chocs qui compromettent la sécurité de l'appareil. M. Carvallo en a fait lui-même l'expérience lorsqu'il a tenté la recherche du *Columbian*. Malgré les précautions ingénieuses qu'il avait prises en interposant, entre le scaphandre et la pompe, un réservoir régulateur, il a vu les tuyaux éclater et compromettre l'existence du plongeur.

En résumé, le système proposé par M. Carvallo, quoique présentant un progrès incontestable, n'a pas encore résolu le problème d'une manière complète.

VII. — PREMIER SYSTÈME DE M. LE COMTE A. DILLON

Pour obvier aux inconvénients que nous avons signalés dans le système de M. Carvallo, M. le comte A. Dillon proposa un appareil qui emporte sous l'eau, à l'état latent, la force dont il a besoin pour relever le navire. L'air est comprimé avant l'immersion, ce qui supprime les difficultés de l'introduction du fluide à grande distance et par des conduits d'une résistance souvent insuffisante. Cela paraîtra plus clair lorsque nous aurons donné la description complète de ce système de sauvetage.

L'appareil employé est un ponton sans quille à doubles parois latérales, et dont la partie, comprise entre les parois, est pontée. La partie intérieure est vide et destinée à comprendre le navire échoué pour l'entourer d'une véritable ceinture de sauvetage et le ramener à flottaison.

Le ponton est divisé, suivant son grand axe, en deux parties égales réunies à l'arrière par trois fortes chaînes inégales et également distantes. Ces chaînes ont des longueurs qui sont entre elles comme 4, 2, 1, la plus petite en bas, les longueurs absolues dépendant des dimensions du navire. Elles forment la charnière autour de laquelle doivent tourner les demi-pontons pour fermer les mâchoires qui saisiront l'épave. Ces mâchoires sont rapprochées l'une de l'autre par le moyen de palans sur lesquels on agit simultanément du remorqueur qui aide à la manœuvre. Dès qu'elles ont saisi le navire, elles sont reliées par trois chaînes comme à l'autre extrémité.

Chaque demi-ponton porte, sur ses flancs, une série de cylindres verticaux et creux fermés à la partie inférieure par une trappe à charnière, s'ouvrant de haut en bas au gré de l'opérateur. Ces cylindres sont destinés à recevoir un lest qui aidera à l'immersion et au déplacement désiré du centre de gravité de l'appareil. Ce déplacement facile du centre de gravité permet de faire occuper, à chaque demi-ponton, la position qu'il doit avoir pour la saisie convenable du navire.

Le demi-ponton lui-même est une grande caisse de forme quelconque, A B C D, à parois résistantes, et portant à sa partie supérieure un corps de pompe P, muni d'une soupape S, s'ouvrant du dehors en dedans. De la partie inférieure part un autre corps de pompe P' armé d'une soupape S' s'ouvrant du dedans au dehors, et maintenue fermée par une vis de pression. A ce corps de pompe est adapté un tuyau E commandé par un robinet R. (Voir pl. 1, fig. 1.)

Au moyen d'une pompe foulante ou d'un ventilateur puissant, on introduira, par le piston P, une quantité d'air à la pression (N+1), N étant, en atmosphères, la pression hydrostatique à la profondeur que doit atteindre la caisse.

Par le même corps de pompe on fera arriver une quantité suffisante d'eau pour couler l'appareil.

Le demi-ponton descendra suivant un câble tendu, passant par l'anneau F et aboutissant à une ancre fixée au point du fond où doit arriver la caisse. Dès qu'il sera parvenu à ce point, il sera relié au navire, comme il a été dit plus haut. Alors on rendra à la soupape S' sa liberté de mouvement. En raison de la différence des pressions supportées, l'eau, introduite primitivement, sera rejetée. La caisse allégée, se dégageant de son lest, reviendra à la surface, portant avec elle l'épave qui lui est attachée.

Dans le cas où la caisse échouée depuis longtemps serait ensablée, le jet de liquide projeté par le tuyau E, lorsque l'on ouvre le robinet R, servira utilement au descellement. On pourra aussi, dans le même but, utiliser l'explosion d'une quantité calculée de nitroglycérine dont les gaz détermineront, dans le liquide, un mouvement oscillatoire.

En résumé, l'appareil n'est autre qu'une véritable ceinture de sauvetage dont les surfaces d'application avec le navire sont assez considérables pour qu'en chaque point la pression due à la poussée soit faible et ne nuise pas aux formes de la coque. Il ramènera à flottaison le bateau muni de ses mâts et prêt à être remorqué au chantier le plus voisin.

Au point de vue théorique, ce procédé de sauvetage semble bon; cependant, dans l'application, il laisse beaucoup à désirer.

Et d'abord, si le navire échoué a un cubage considérable, la caisse élévatoire devra déplacer un volume énorme. Or, l'augmentation du diamètre d'un cylindre devant contenir un fluide à haute pression, entraîne l'augmentation de l'épaisseur des parois. Par suite, pour l'appareil, un poids mort nuisible et coûteux.

En second lieu, l'introduction de l'eau dans un milieu aériforme à haute pression, n'est pas une opération facile, si elle est possible. Quant au contact immédiat du liquide et de l'air, il donne lieu à des fuites de ce dernier, et peut compromettre la réussite du sauvetage.

Toutes ces imperfections n'ont pas échappé à M. le comte A. Dillon qui a, depuis un an, constamment cherché à y remédier. De modification en modification le procédé primitif a été complétement transformé. Il en est résulté un nouvel appareil construit d'après les dernières études de l'inventeur. C'est celui qui a été soumis à l'examen du comité des expériences de la classe 66 *bis*.

La seconde partie de ce mémoire contiendra l'exposé des principes sur lesquels repose ce dernier système de sauvetage, ainsi que les calculs relatifs aux applications que l'on peut faire de ces principes.

CHAPITRE II

SECOND SYSTÈME DE M. LE COMTE A. DILLON.

I. — Principes sur lesquels repose l'établissement de l'appareil proposé.

Un cylindre creux, contenant un gaz et fermé par les deux extrémités, flotte à la surface de l'eau lorsque le volume du liquide déplacé a un poids plus grand que le sien. Si les parois étanches, qui le ferment, sont mobiles, elles se rapprocheront l'une de l'autre sous l'action de la pression de l'eau. Ce rapprochement diminuant le volume déplacé, puisque l'eau vient remplir une partie occupée primitivement par l'air, le cylindre s'enfoncera progressivement, disparaîtra sous la surface et coulera jusqu'au fond.

A un instant quelconque de la descente, le gaz comprimé entre les deux parois ou pistons aura une tension égale à la pression hydrostatique augmentée de celle de l'atmosphère. Le cylindre sera constamment en équilibre de pression. Si ses parois sont comprimées par l'eau, elles seront soutenues par une force égale à la compression et produite par la réaction du gaz.

Supposons que le centre de gravité du système soit le centre de figure du cylindre, et que l'axe de ce cylindre ait été maintenu horizontal jusqu'à l'immersion complète, l'appareil arrivera au fond de l'eau horizontalement. Là il sera fixé au navire échoué comme il a été dit pour les caisses du premier système proposé par M. le comte A. Dillon. La ceinture de sauvetage sera appliquée et ramènera à flot l'épave si les pistons, s'éloignant l'un de l'autre, déplacent un volume d'eau produisant une poussée de liquide plus grande que le poids à soulever.

Pour obtenir ce résultat de dilatation, on peut injecter de l'air à l'aide d'une pompe foulante. Mais nous avons signalé les inconvénients de ce procédé, surtout lorsqu'il s'agit de grandes profondeurs. L'inventeur supprime ces difficultés en utilisant la propriété qu'ont certains corps de se transformer facilement par une action physique ou une réaction chimique en un volume considérable de gaz.

Tout le monde sait, par exemple, que la combustion de quelques grains de poudre produit un volume de gaz 1,200 ou 1,500 fois plus considérable que le volume primitif occupé par le solide.

L'appareil emporte donc dans sa descente un récepteur contenant des sels qui, réagissant l'un sur l'autre, à la volonté de l'opérateur, donnent un volume considérable et calculé de gaz. Les pistons sont écartés, le cube d'eau déplacé devient assez puissant pour que la réaction du liquide produise l'ascension. Le système remonte à la surface.

Dans cette marche ascendante, le cylindre sera soumis extérieurement à des pressions décroissantes suivant l'augmentation de l'ascension. A l'intérieur, le gaz presse les parois avec la force de tension initiale. C'est là un inconvénient qui nécessiterait une épaisseur de paroi capable de résister à la différence des pressions. Aussi le cylindre est-il, comme les ballons du système Carvallo, muni de soupapes permettant l'évacuation du fluide en excès. Mais ces orifices, ne satisfaisant pas complétement au but que l'on se propose. M. le comte A. Dillon y supplée par un dispositif additionnel aussi ingénieux que simple.

Ce dispositif consiste à établir dans le cylindre un régulateur dont la soupape se meut dès que la pression intérieure excède la pression extérieure. Le gaz, se précipitant par cette soupape, est absorbé par l'effet d'une réaction chimique inverse de celle qui l'a produit. Le volume s'était augmenté par la première réaction, il diminue en vertu de la seconde.

Enfin l'appareil est complété par un second cylindre que l'on peut appeler *de sûreté*. C'est un tube, hermétiquement fermé, contenant un volume de gaz à une pression égale à la demi-pression que supporte un corps plongé à la plus grande profondeur à laquelle on peut atteindre, 50 mètres par exemple. Le cube, déplacé par ce cylindre additionnel, est calculé de telle façon que la poussée résultante suffise pour ramener à flottaison l'appareil de sauvetage dans le cas où un accident survenu après l'immersion rendrait urgentes des réparations. Pour l'immersion, cette poussée est détruite par le poids d'un lest facile à abandonner au fond de l'eau. Dans l'ascension, elle concourt à la réussite de l'opération et diminue la dépense de gaz et de réactifs.

Nous avons dit que ce second cylindre devait contenir des gaz comprimés à la demi-pression que supportent les corps plongés au fond de l'eau; nous allons en donner la raison.

Il est évidemment important de diminuer, autant que possible, l'épaisseur nécessaire des parois du tube; car on économise doublement et sur le prix de construction de l'appareil et sur le poids mort qui est une augmentation de résistance à vaincre. Or, refouler l'air à une pression $= 1/2$ permet l'emploi de parois moins épaisses que celles indispensables pour supporter une pression $= 1$. Et cependant la première épaisseur est suffisante.

Car, supposons que la profondeur maximum à laquelle on puisse faire le sauvetage, soit égale à H. Appelons ω la pression d'une colonne d'eau de 1 m. de hauteur. La pression hydrostatique au fond sera proportionnelle à $\omega H = N$ atmosphères. Un corps, plongé au fond, supportera cette charge, plus la pression atmosphérique, c'est-à-dire $N + 1$ atmosphères.

Considérons maintenant un cylindre à parois suffisamment résistantes pour contenir un gaz à la pression $\frac{N+1}{2}$; nous disons que ce cylindre ne sera exposé à aucune chance de rupture, si, avant son immersion, il est préalablement rempli de gaz à cette même pression $\frac{N+1}{2}$.

En effet, au moment où le tube pénètre dans l'eau, la charge supportée par ses parois est égale à la différence des pressions intérieure et extérieure, soit

$$\frac{N+1}{2} - 1 = \frac{N-1}{2}$$

Le cylindre peut supporter cette charge.

A mesure qu'il enfonce, la pression extérieure augmente, celle intérieure reste constante et la différence diminue. A une certaine profondeur d'immersion, les deux pressions se font équilibre ; puis, la pression extérieure augmentant toujours, la différence devient négative. La charge que supportent les parois n'est plus une force dirigée du dedans au dehors, c'est une force de direction opposée.

Enfin, à la plus grande profondeur H, la valeur absolue de la différence des pressions sera maximum et pourra s'écrire :

$$(N+1) - \frac{N+1}{2} = \frac{N+1}{2}$$

Dans ce cas, par hypothèse, la résistance des parois est suffisante.

Cette courte analyse nous montre que la résistance qu'aurait donnée une plus forte épaisseur des parois est remplacée facilement par la force élastique du gaz contenu. C'est un avantage, puisque le poids de ce gaz est infiniment moindre que le poids d'un appareil plus résistant.

Remarquons que la charge sur le cylindre sera nulle ou que les pressions intérieure et extérieure se feront équilibre, lorsque l'appareil sera descendu d'une hauteur h telle que

$$\omega h = n$$

n étant donné par la relation

$$n + 1 = \frac{N + 1}{2}$$

ou

$$n = \frac{N - 1}{2}$$

Or on sait que

$$\omega H = N \text{ ou } \omega = \frac{N}{H}$$

Donc

$$h = \frac{n H}{N} = \frac{H}{2}\left(\frac{N - 1}{N}\right)$$

APPLICATION. — Pour $H = 50^m$ on a sensiblement $N = 5$, donc, dans ce cas, $h = 20^m$

Tel est, en résumé, le second système de sauvetage proposé par M. le comte A. Dillon. Les objections que nous avait suggérées l'étude des systèmes antérieurs ne peuvent être soulevées contre le nouvel appareil.

Il semble que l'inventeur a prévu toutes les difficultés pratiques et les a surmontées. Cependant, dans une question de cette importance, un exposé succinct ne saurait être suffisant pour inspirer une confiance absolue dans la réussite des opérations; aussi, reprenant un à un tous les détails de l'appareil, allons-nous les soumettre à une critique aussi rigoureuse que peut nous le permettre l'étendue, malheureusement bien restreinte, de nos connaissances en hydraulique.

La dynamique des corps solides est une science relativement élémentaire; grâce à la faible importance des déformations des corps dont elle analyse les mouvements, les déductions rationnelles sont sensiblement vraies et applicables pour les différents cas pratiques. Les mouvements résultant des organes d'une machine se déduisent géométriquement des mouvements primitifs parce que les liaisons peuvent être considérées comme rigides et invariables de forme.

Il n'en est pas de même de l'hydrodynamique. La moindre action, exercée sur les fluides, apporte dans leur masse une modification d'état dont la loi, fonction de la constitution moléculaire, nous est inconnue. Elle développe des réactions intérieures, dont les intensités et les directions échappent à nos moyens d'investigation. L'application de l'analyse à des faits aussi multiples et variés a donc paru, jusqu'aujourd'hui, un problème, sinon insoluble, du moins d'une difficulté inabordable. Et nous ne voulons pas parler seulement de ces fluides, que l'on nomme *élastiques* et dont la mobilité des parties constituantes rend si complexe l'observation des phénomènes; nous ne considérons même que ces fluides incompressibles dont les propriétés, moins fugitives, semblent devoir être plus facilement constatées.

Aussi la dynamique des fluides est-elle plutôt une science expérimentale qu'une science spéculative. Les savants, depuis plusieurs siècles, ont été stimulés par l'importance pratique des problèmes qui s'y rattachent. Ils ont vainement essayé des théories; mais ils nous ont légué un vaste recueil d'observations. C'est là qu'il nous faut chercher nos arguments pour résoudre les différents cas particuliers dont nous désirons les solutions.

Mais cette recherche, à travers mille formules empiriques, est bien délicate.

En hydraulique, la vérité est voisine de l'erreur. Tel

résultat pratique, obtenu dans des conditions spéciales d'expérience, ne saurait être généralisé et adopté dans un cas non identique. Il faudrait donc avoir conscience de son infaillibilité pour oser, dans la question qui nous occupe, préjuger des résultats non immédiatement consacrés par l'expérience et ne pas rejeter toute appréciation absolue.

II. — Détermination des volumes que doivent posséder les cylindres moteurs et les cylindres de sûreté.

La description succincte de l'appareil nous a fait connaître l'existence nécessaire de deux cylindres moteurs à chacun desquels est joint un cylindre de sûreté.

Mais elle ne nous donne aucune notion sur la grandeur de ces tubes. La force de poussée, qui doit être développée pour le sauvetage d'un navire de grand poids, n'exige-t-elle pas des cylindres de dimensions exagérées, surtout dans le sens vertical, celui où se fait sentir la variation des pressions hydrostatiques ? Il suffit d'énoncer ce doute pour comprendre toute l'importance de cette question, à laquelle nous ne saurions donner réponse avant d'avoir analysé les phénomènes d'ascension et nous être rendu compte, autant que possible, des causes qui les produisent.

A cet effet, appelons :

v le volume d'un cylindre moteur et de son armature.

p le poids correspondant (le cylindre étant rempli d'air à la pression de l'atmosphère).

μ le poids des réactifs nécessaires à l'opération.

Désignons par

v' le volume d'un cylindre de sûreté.

p' le poids de ce cylindre rempli de gaz à la tension de $\frac{N+1}{2}$ atmosphères.

N le nombre d'atmosphères correspondant à la pression hydrostatique au fond de la mer, à la plus grande profonfondeur à laquelle puisse arriver un plongeur.

La force de poussée sera, pour l'appareil entier, composé de deux cylindres moteurs et de deux cylindres de sûreté :

$$2 \{(v - p - \mu) + (v - p')\}$$

Or, cette force devra être au moins égale à la résistance à vaincre (P — V) augmentée de la somme 2 S des résistances passives. P est le poids dans l'air du navire chargé de son fret et V le volume réel occupé par ses parois et la marchandise ; 2S comprend les frottements contre le sol et le liquide, la résistance du milieu au mouvement ascendant, les remous, etc.

On devra donc avoir au moins l'égalité.

$$(1) \qquad (v - p - \mu) + (v' - p') = \frac{P - V}{2} + S$$

De plus, en exposant l'utilité du cylindre de sûreté, nous avons montré qu'il devait être capable de remonter l'appareil avarié. Or, dans ce cas, cet appareil a un poids que l'on peut écrire, en négligeant le poids de l'air contenu,

$$(p + \mu - U)$$

U étant le volume réel déplacé par la matière solide du cylindre.

Ce poids, augmenté du coefficient T relatif aux résistances passives, doit être au plus égal à la poussée produite par le déplacement dû au cylindre de sûreté, c'est-à-dire à $(v' - p')$

Donc on doit satisfaire au moins à l'égalité :

$$(2) \qquad (v' - p') = (p + \mu - U) + T$$

L'équation (2) combinée avec l'équation (1) donne

$$(3) \qquad (v-U)=\frac{P-V}{2}+(S-T)$$

Soit D la densité moyenne des matières constituantes ou renfermées dans le navire échoué, on a évidemment :

$$P=VD \text{ ou } V=\frac{P}{D}$$

et si l'on pose $S-T=A$, coefficient à déterminer par l'expérience, on pourra mettre l'équation (3) sous la forme :

$$(4) \qquad (v-U)=\frac{P}{2}\frac{D-1}{D}+A$$

La différence $(v-U)$ n'est autre chose que le volume intérieur du cylindre moteur ; c'est le cube occupé par le gaz. Donc si nous appelons

- l la longueur du cylindre,
- r son rayon intérieur,
- π le rapport de la circonférence au diamètre,

nous aurons

$$v-U=\pi l r^2$$

et par suite

$$(5) \qquad \pi l r^2=\frac{P}{2}\frac{D-1}{D}+A$$

équation qui permet de déterminer la limite inférieure de l'une des dimensions l et r, lorsque l'on a fixé arbitrairement l'autre.

APPLICATIONS. — 1° Trois-Mats du commerce. — Un trois-mâts du commerce porte environ 900 tonneaux de fret. Posons

$$P = 1000^{tx} = 1000000 \text{ kilogrammes.}$$

Admettons pour D la valeur 3, valeur moyenne trop forte en général, mais nous permettant l'élimination du coefficient A. Enfin supposons $l = 40$ mètres, longueur sensiblement égale à celle du navire.

Remarquons enfin, que dans les calculs numériques, si P est exprimé en kilogrammes, les longueurs l et r devront être données en décimètres, et nous écrirons :

$$r^2 = \frac{P(D-1)}{2.D.\pi.l.} = \frac{1000000}{3.\pi.400}$$

d'où $$r = 16^{déc.},286 = 1^m,6286$$

dimension qui n'indique pas une impossibilité.

2° Brick. — Un brick du commerce, d'une longueur de 25^m à un port fretable de 142 tonneaux. Posons, dans la formule (5)

$$P = 250^{tx} = 250000 \text{ kilog.}, \ D = 3, \ l = 25^m, \text{ il vient :}$$

$$r^2 = \frac{250000}{3\pi.250} = \frac{1000}{3\pi}$$

d'où $$r = 10^d,301 = 1^m,03$$

La détermination du volume que doit posséder le cylindre de sûreté résulte de l'équation (2) que nous avons écrite :

$$v' - p' = (p + \mu - U) + T$$

Dans cette équation, les valeurs p et v sont connues puisqu'elles se déduisent immédiatement de la construction du cylindre moteur. Nous avons donné le calcul des dimensions de ce cylindre; nous fixerons plus loin sa résistance et par suite l'épaisseur de ses parois. Quant à μ, poids des réactifs, il dépend de la combinaison chimique employée, de la profondeur de l'immersion et de la capacité du tube que les gaz doivent occuper. Nous indiquerons plus loin la manière de déterminer ce poids suivant la réaction chimique adoptée. Enfin T est un coefficient que l'expérience seule pourra indiquer. Sa valeur doit être peu importante. Dans la pratique on peut n'en pas tenir compte car on aura soin d'employer toujours des appareils d'une puissance plus grande que celle exigée.

Nous poserons donc

$$(p+\mu-\mathrm{U})+\mathrm{T}=\mathrm{B}$$

B étant une quantité connue, dépassant la valeur de la résistance à vaincre.

L'équation (2) deviendra

$$v'-p'=\mathrm{B}$$

Soient ρ le rayon intérieur du cylindre,
E l'épaisseur des parois,
l' la longueur du tube; on pourra poser :

$$v'=\pi l'(\rho+\mathrm{E})^2$$

p' est le poids du cylindre rempli de gaz à la pression de $\frac{\mathrm{N}+1}{2}$ atmosphères, ou le poids des parois plus celui d'un cylindre de gaz à la pression $\frac{\mathrm{N}+1}{2}$, ayant pour rayon ρ et pour longueur l'. De telle sorte que, si l'on appelle

d la densité du métal des parois

δ la densité du gaz à la pression $\frac{N+1}{2}$

on aura

$$p' = \pi l' d \left((\rho + E)^2 - \rho^2 \right) + \pi l \rho^2 \delta$$

donc :

$$v' - p' = \pi l' \{ \rho^2 (1 - \delta) - 2 E (d - 1) \rho - E^2 (d - 1) \}$$

En égalant ce terme à B, il vient

$$\pi l \{ \rho^2 (1 - d) - 2 E (d - 1) \rho - E^2 (d - 1) \} = B$$

ou

$$(6) \quad \rho^2 - 2 E \frac{d-1}{1-\delta} \rho - \left(E^2 \frac{d-1}{1-\delta} + \frac{B}{\pi l' (1-\delta)} \right) = 0$$

équation de laquelle on pourra tirer l' ou ρ. Pour la valeur du rayon en fonction de la longueur, il vient

$$\rho = \frac{d-1}{1-\delta} E \pm \sqrt{\left(\frac{d-1}{1-\delta} \right)^2 E^2 + E^2 \frac{d-1}{1-\delta} + \frac{B}{\pi l' (1-\delta)}}$$

ρ devant être positif, on prendra évidemment le radical avec le signe $+$.

Les dimensions du cylindre de sûreté ne peuvent être déterminées numériquement que lorsqu'on a fixé la valeur du poids du cylindre moteur et par conséquent l'épaisseur de ses parois. La valeur numérique de E doit être également connue. Aussi allons-nous étudier les épaisseurs que doivent avoir les tubes pour résister aux pressions qu'ils supportent.

III. — De la résistance nécessaire aux parois des tubes. Épaisseur des parois. — Poids des cylindres.

Cylindre moteur. — Le cylindre moteur est en principe, maintenu à une pression intérieure égale à la pression extérieure. Si cet idéal théorique était réalisé dans la pratique, la résistance nécessaire des parois serait nulle et ces parois pourraient n'avoir ni épaisseur ni poids.

Mais, en réalité, le cylindre a un diamètre assez grand pour qu'il ne soit pas permis de considérer la pression hydrostatique comme constante aux différents points de la surface; la génératrice inférieure supporte une pression extérieure plus grande que celle supportée par la génératrice supérieure, et la différence entre ces deux pressions extrêmes est égale au poids d'une colonne d'eau qui aurait pour hauteur le diamètre du cylindre.

D'autre part, la pression intérieure est la même dans toutes les parties de la masse du gaz, et, par conséquent en chaque point de la surface intérieure du cylindre. Donc, dans la pratique, il est impossible qu'il y ait égalité absolue entre les pressions intérieure et extérieure. L'équilibre n'existant plus, certains points de la surface du tube supportent une charge à laquelle ils doivent résister par l'épaisseur de la paroi.

Quelle limite doit-on fixer à cette résistance? Cette limite résulte évidemment du diamètre calculé du tube. Or, ce diamètre ne dépassera généralement pas 3^m3, hauteur correspondant à une pression plus petite que 1/3 d'atmosphère. Donc, on peut admettre que, si le tube a une épaisseur capable de résister à la pression de 1 atmosphère, il sera suffisamment résistant.

Le cylindre sera en tôle de fer. Nous choisissons cette

étoffe de préférence à celle d'autres métaux, parce qu'elle a une ténacité plus grande, est moins lourde et coûte moins cher. Le fer s'oxydera, il est vrai, par le séjour dans l'eau de mer, mais il résistera longtemps s'il est recouvert d'enduits convenables.

La formule empirique adoptée pour le calcul des épaisseurs pratiques à donner aux chaudières cylindriques en tôle, indique l'épaisseur de 3^{mm} comme suffisante pour le cas où les parois doivent résister à la charge de 1 atmosphère. Mais cette quantité n'est rigoureusement admissible que pour le cas où le diamètre est au plus égal à 1 mètre. Nous adopterons l'épaisseur 4^{mm} comme suffisante dans le cas qui nous occupe.

Les tables de résultats d'expériences nous apprennent qu'une tôle de 4^{mm} d'épaisseur pèse, par mètre carré, $31^{k}154$. Donc le cylindre de longueur l et de rayon r, pèsera un poids en kilogrammes exprimé par

$$2\pi r l \times 31^{k},154$$

r et l, dans ce calcul, sont écrits en mètres.

APPLICATIONS. 1° TROIS-MATS. — Nous avons trouvé précédemment les valeurs

$$l = 40^{m} \quad r = 1^{m}6286$$

nous en déduisons le poids du cylindre moteur égal à

12752 kilogrammes.

2° BRICK. — Les calculs précédents ont donné :

$$l = 25^{m} \quad r = 1^{m}03$$

On en tire, pour le poids du cylindre moteur,

$5040^{k},5$

Cylindre de sureté. — Nous avons démontré que le cylindre de sûreté doit résister à une pression de $\frac{N+1}{2}$ atmosphères. Cette pression pourra être dépassée lorsque l'on introduira le gaz; mais, vu la grande capacité du tube, cette augmentation sera faible. Aussi pensons-nous que l'on peut admettre l'épaisseur donnée par la formule empirique adoptée dans la pratique pour la construction des chaudières, en supposant la pression égale à $\frac{N+2}{2}$ atmosphères.

Cette formule est

$$e = 3^{mm} + 1^{mm},8D(n-1)$$

D étant le diamètre et n le nombre d'atmosphères.

Substituant à ces notations celles admises précédemment, il vient :

$$E = 3^{mm} + 1^{mm}8.\rho.N.$$

Dans le cas particulier où la profondeur reconnue maximum serait 50^m on aurait $N = 5$ environ et

$$E = 3^{mm} + 9^{mm}\rho$$

Au moyen de ces formules, on calculera les valeurs numériques. Ce résultat obtenu, on connaîtra, au moyen des tables, le poids par mètre carré de la tôle correspondante. Ce poids, multiplié par la surface exprimée en mètres carrés, donnera, pour produit, le poids total des parois du tube de sûreté.

IV. — Immersion horizontale.

Une condition, à laquelle doit satisfaire nécessairement l'appareil, dont nous essayons de présenter les propriétés, est de pouvoir être immergé horizontalement. En d'autres termes, l'axe du cylindre doit, pendant la marche descendante, conserver une direction horizontale, de manière que le tube, en arrivant au fond, repose sur le sol suivant une génératrice.

Théoriquement, le problème est résolu lorsque le centre de gravité du système coïncide avec le centre de figure. Les pressions, en eau calme, s'exercent alors symétriquement par rapport à ce point et ne font pencher l'appareil ni d'un côté ni de l'autre. Mais, dans la pratique, les faits ne se passent pas d'une façon aussi simple.

Et d'abord, la construction d'un appareil volumineux ne permet pas d'obtenir une coïncidence parfaite du centre de gravité avec le centre de figure; en admettant même qu'on ait réalisé un tel chef-d'œuvre, la coïncidence obtenue ne pourrait subsister. La non-homogénéité des parties constituantes et l'inégale dilatation sous l'influence des variations de température modifieraient bientôt l'équilibre primitif.

De plus, la mer est soumise à des agitations qui font varier le niveau de la surface en des points très-rapprochés l'un de l'autre. Une vague, soulevée à une extrémité du cylindre, augmente sur le piston de ce côté, la pression hydrostatique à laquelle se joignent probablement des forces hydrodynamiques que nous ne savons apprécier. L'eau pénètre davantage dans cette partie du tube et reflue l'air vers la partie opposée. Le centre de gravité prend un mouvement qui le porte de plus en plus du côté où le piston marche le plus vite. Le tube s'incline et tend à prendre une position d'équilibre stable à laquelle il n'arrive que lorsque l'axe est vertical. L'eau a pénétré dans la partie inférieure et l'air a été chassé vers le piston supérieur.

Dans ce cas l'appareil descend verticalement; arrivé au fond, il ne peut être appliqué en ceinture de sauvetage aux flancs du navire. L'opération est devenue impossible.

M. le comte A. Dillon a annulé toutes ces difficultés par un procédé assez simple. Il divise le cylindre en deux parties égales par une section étanche. Cette section contient le centre de figure de l'appareil et est peu distante du centre de gravité. Elle permet, grâce à de petites variations de poids, de superposer, à volonté, ces deux points. Il suffit de percer, dans les parois du tube, de chaque côté de la section médiane, des orifices réglés par des robinets. Le jeu de ces robinets fait sortir l'air de la partie la plus élevée du tube et égalise, jusqu'au moment de l'immersion complète, le mouvement des pistons de manière que l'appareil disparaît sous l'eau ayant son axe parfaitement horizontal.

Dans des expériences faites, devant nous, avec un appareil construit comme essai et susceptible de soulever environ 1,000 kilogrammes seulement, l'inventeur nous a prouvé qu'il pouvait, par le procédé susdit, immerger le cylindre dans les conditions qu'il nous plaisait d'indiquer.

Pour des appareils destinés à soulever de lourds fardeaux, M le comte A. Dillon se propose de substituer à la section étanche, le cylindre de sûreté lui-même. Cette disposition aura l'avantage de porter les plus grands poids vers le centre et de rapprocher ainsi, avec plus de facilité dans la construction, les centres de gravité et de figure.

V. — Production des gaz. — Réactions chimiques.
Réactifs adoptés. — Appareil générateur.

Nous avons dit précédemment que, dès que l'appareil avait été convenablement appliqué, sous forme de ceinture de sauvetage, aux flancs du navire, on augmentait le volume d'eau déplacée à l'aide d'un gaz chimiquement obtenu.

Parmi les gaz, dégagés par des réactions chimiques, un des plus faciles à produire est le gaz acide carbonique. C'est celui que l'on a choisi. Il s'obtient au moyen de réactifs que l'on achète à bon marché dans le commerce et jouit de la propriété, importante pour le cas qui nous occupe, de pouvoir être produit même quand les réactifs composants sont soumis à une forte pression.

L'acide carbonique se fabrique dans les laboratoires de plusieurs manières différentes. Ainsi, il est donné par la réaction de l'acide tartrique, de l'acide sulfurique et de l'acide chlorhydrique sur un carbonate ou un bicarbonate, par celle de l'acide oxalique sur le bioxyde de manganèse, etc. Mais de ces réactions, quelle est la plus avantageuse? Evidemment celle qui, à la fois, coûte le moins cher et par laquelle un plus grand poids d'acide carbonique est produit d'un moindre volume de réactifs.

La considération des prix de revient des matières premières élimine, dès l'abord, l'emploi des réactions par l'acide tartrique et par l'acide oxalique. D'ailleurs, ces réactions ne sont pas les plus avantageuses au point de vue de la masse produite du gaz. Il serait facile de s'en convaincre, en appliquant, à ces procédés, la méthode que nous allons suivre pour les réactions des acides sulfurique et chlorhydrique sur le bicarbonate de soude.

Ces deux dernières réactions sont exprimées par les formules chimiques suivantes :

(1) $NaO2CO^2 + SO^3HO = NaOSO^3 + 2CO^2 + HO$

(2) $NaO.2CO^2 + H.Cl = NaCl. + 2CO^2 + HO$

En adoptant, pour valeurs des équivalents, les nombres : $O = 100$, $Na = 290$, $C = 75$, $S = 200$, $H = 12,5$ $Cl = 443$

On trouve

$NaO.2C.O^2 = 940$
$SO^3.HO = 612,5$
$HCl = 455,5$
$Co^2 = 275$

D'où l'on conclut que, pour produire $2CO^2 = 550$ en poids, d'acide carbonique, il faut, en vertu de l'équation (1)

	940	de bicarbonate de soude
	612,5	d'acide sulfurique
Total..	1552,5	de réactifs.

Et en vertu de l'équation (2)

	940	de bicarbonate de soude
	455,5	d'acide chlorhydrique
Total..	1395,5	de réactifs.

Ces nombres expriment des poids. Pour connaître les volumes correspondants, il suffit de diviser le poids de chaque corps par la densité.

Or, nous trouvons dans les tables, que ;

La densité de l'acide sulfurique = 1,8409
Celle de l'acide chlorhydrique = 1,1940

Et l'expérience nous a donné :

La densité du bicarbonate de soude = 0,92

Donc les poids

$940 (NaO, 2CO^2)$, $612,5 (SO^3 . HO)$, $455,5 (HCl)$

Correspondent aux volumes

$$\frac{940}{0.92} = 1021,8 (N.aO, 2CO^2), \frac{612,5}{1,8409} = 332,72 (SO^3, HO)$$

Et $$\frac{455,5}{1,194} = 381,49 (HCl)$$

D'où il suit que, pour produire un poids 550 d'acide carbonique, il faut, dans la réaction avec SO^3, HO, employer un volume de matières = 1354,52 et, dans la réaction avec H Cl un volume = 1403,29.

L'emploi de l'acide chlorhydrique exige donc un générateur plus volumineux que l'emploi de l'acide sulfurique. C'est un inconvénient, assurément, mais qui peut être compensé par la plus faible valeur marchande des matières premières. Car le prix du bicarbonate de soude est 0 fr. 80 le kilogramme, celui de l'acide sulfurique 0 fr. 35, et le kilogramme d'acide chlorhydrique ne coûte que 0 fr. 20.

Or, pour produire un poids de 550 kilogrammes d'acide carbonique, il faut :

940 k. de bicarbonate à 0 80, soit. . .	752 f.	»
et 612 k. 5 d'acide sulfurique à 0 35 soit.	214	375
Total des dépenses. .	966 f.	375

Ou bien

940 k. de bicarbonate à 0 80, soit. . . .	752 f. »
et 455 k. 5 d'acide chlorhydrique à 0 20, soit	91 100
. Total des dépenses, . . .	843 f. 100

Donc les prix de revient d'une même opération, suivant que l'on emploiera la première réaction ou la seconde seront entr'eux comme 966 fr. 375 est à 843 fr. 10 ou comme 1,1462 est à 1.

M. le comte A. Dillon, dans les nombreux essais qu'il a fait avec un appareil de petite dimension, a produit l'acide carbonique au moyen de bicarbonate de soude et d'acide sulfurique, Il a toujours obtenu le gaz et réalisé l'ascension du cylindre et de l'épave. Mais il a constaté que la température, produite par la réaction, vaporise une petite fraction d'acide sulfurique. Ces vapeurs attaquent les parois intérieures du cylindre et surtout, ce qui est grave, les soupapes de dégagement, soupapes dont l'ajustage doit être aussi parfait que possible.

Il est facile d'obvier à cet inconvénient par l'interposition entre le générateur et le cylindre d'une caisse contenant une dissolution de baryte. Cette cuve de lavage est indiquée dans le projet que l'inventeur a dessiné d'un appareil puissant capable de soulever de gros bâtiments.

Après avoir montré le mode de production du gaz, il nous reste à prouver que le volume qu'il occupe est considérable, par rapport à celui des matières qui le produisent.

A cet effet, rappelons que le poids d'un volume de gaz est fonction de la température et de la pression, et que si l'on admet, comme donnant une approximation suffisante, les lois de Mariotte et de Gay-Lussac, on peut écrire la relation :

$$P = V \delta \, 1^{gr},293 \frac{n}{1 + \alpha t}$$

P étant le poids en grammes d'un volume V litres de gaz dont la densité est, par rapport à l'air, égale à δ. 1 gr, 293 est le poids d'un litre d'air, sous la pression de l'atmosphère et à la température 0°, N est la pression en atmosphères, α le coefficient de dilatation du gaz, t sa température en degrés centigrades.

De cette formule il vient

$$V = \frac{P(1 + \alpha t)}{\delta . 1^{gr}, 293 . n}$$

Pour l'acide carbonique on a

$$\delta = 1,52901, \ \alpha = 0,003710$$

Donc, dans ce cas,

$$V = \frac{P(1 + 0,00371 . t)}{n . 1,293 \times 1,529} \qquad (3)$$

Cela posé, cherchons quel sera le volume d'acide carbonique, dégagé par le poids 550 kilogrammes, donné dans les opérations précédentes, en supposant la pression $n = 1$ atmosphère et $t = 0$, on a

$$V = \frac{550,000}{1,293 \times 1,529} = 278200^{d.c.}$$

Or, nous avons vu que si l'on opère la production du gaz par la première réaction, le volume des réactifs est

$$v = 1334^{d.c.}, 52.$$

D'où

$$\frac{v}{V} = 205,39$$

Par la seconde réaction, le volume des composants est

$$v' = 1403^{d.c.}, 29$$

D'où

$$\frac{v'}{V} = 198, 25$$

Ainsi, par l'une et par l'autre réaction, le volume de gaz obtenu est considérable par rapport au volume des réactifs qui le dégagent. Mais la formule (3) indique que ce volume diminue rapidement lorsque la pression n augmente.

Nous n'insisterons pas sur ce fait qui prouve évidemment qu'à de grandes profondeurs le sauvetage doit être considéré comme réellement impossible. La poussée du liquide, cause du mouvement ascendant, résulte de la différence existant entre le volume du gaz produit et le volume des composants. Lorsque le rapport de ces volumes tend vers l'unité, le cube déplacé par la ceinture de sauvetage doit augmenter dans des proportions que la pratique ne peut admettre.

Enfin il existe une profondeur au-delà de laquelle, théoriquement même, l'opération est irréalisable. C'est celle correspondant à une pression telle que le volume des gaz reste égal à celui des réactifs.

La formule (3) donne cette limite. Il suffit de la rendre homogène en y substituant à P exprimé en grammes, sa valeur 100 K P'. P' étant le volume des réactifs nécessaire pour donner, par la réaction choisie, le volume de gaz acide carbonique dont le poids est égal à KP' (K est le rapport constant pour une même réaction du poids du gaz au volume des réactifs). La formule (3) peut alors s'écrire :

$$V = \frac{100.\ K\ P'\ (1 + 0{,}00371\ t)}{n \times 1{,}293 \times 1{,}529}$$

D'où

$$n = \frac{100\ \mathrm{K}\,(1 + 0{,}00371\ t)}{1{,}295 \times 1{,}529}\ \frac{\mathrm{P}'}{\mathrm{V}}$$

La valeur n cherchée est celle correspondant à $\frac{\mathrm{P}'}{\mathrm{V}} = 1$

Donc elle est

$$n = \frac{100\ \mathrm{K}}{1{,}293 \times 1{,}529}(1 + 0{,}00371\ t)$$

ou en négligeant la dilatation ou la variation de température

$$n = \frac{100\ \mathrm{K}}{1{,}295 \times 1{,}529}$$

Dans le cas de la réaction par l'acide sulfuriqne, nous avons, d'après les résultats précédemment obtenus,

$$\mathrm{K} = \frac{550}{1354{,}52} = 0{,}40605$$

Portant cette valeur dans l'équation précédente, il en résulte

$$n = 20{,}54$$

pression qui correspond à environ 190 ou 200 mètres de profondeur.

Que l'on comprenne bien notre pensée. Loin de nous de croire à la possibilité du sauvetage d'un navire échoué à 190ᵐ de profondeur. Le calcul précédent, au contraire, n'a été rapidement indiqué que pour prouver qu'au de là d'une pareille immersion le navire sera à jamais perdu. Nous ajouterons même qu'à une profondeur égale au 1/3 seulement de cette limite, le sauvetage d'un lourd navire exigera des engins si volumineux qu'il est douteux qu'on ait assez d'audace pour tenter l'entreprise.

On pourra objecter à cette dernière appréciation que nous n'avons tenu aucun compte de la quantité de chaleur développée par la combinaison chimique. Cette chaleur, il est vrai, donnant à t une valeur positive, est avantageuse pour l'opération. Mais, d'une part, aucune expérience précise ne nous permet d'assigner une valeur moyenne à l'élévation de température; d'autre part, la conductibilité des parois des tubes en tôle de fer est tellement grande que la quantité de chaleur sera bientôt disséminée dans la masse liquide environnante et l'effet sur la densité du gaz complètement annulé.

Avant l'immersion, les réactifs sont placés dans un générateur divisé en deux parties. Celle inférieure contient le bicarbonate de soude et un peu d'eau, l'autre, supérieure, renferme l'acide. Lorsque l'on vent produire le gaz, on tourne le robinet qui commande la communication entre les deux vases. L'acide s'écoule sur le bicarbonate et le décompose.

Dès qu'une certaine quantité de gaz est produite, elle exerce, sur le tube de commuuication, une pression bientôt assez considérable pour s'opposer à l'écoulement de l'acide. La réaction alors serait arrêtée et le gaz ne pénétrerait pas dans l'appareil. Mais un tuyau partant du vase inférieur vient déboucher à la partie supérieure de l'acide et égalise la pression dans le système générateur. Rien ne s'oppose plus dès lors à la régularité de la combinaison qui dégage le gaz acide carbonique en volume suffisant.

Ce volume est celui du cylindre moteur dont la capacité a été précédemment déterminée. V est donc une quantité connue de laquelle nous pouvons déduire le poids nécessaire d'acide carbonique au moyen de la formule (3).

Il vient, en effet,

$$P = \frac{Vn \times 1,293 \times 1,529}{1 \times 0,00371\, t}$$

n étant la pression atmosphérique, augmentée de la pression hydrostatique correspondant à la profondeur connue de l'immersion.

D'ailleurs on a

$$\mu = \alpha P$$

μ étant le poids des réactifs nécessaires pour la production du poids P de gaz, et α un coefficient constant pour une même réaction chimique. Pour le cas où l'on produit l'acide carbonique par l'action de l'acide sulfurique sur le bicarbonate.

$$\alpha = \frac{1552,5}{550} = 2,8227$$

et $\mu = 2,8227 . P$

Le poids μ étant calculé, les dimensions du tube de sûreté pourront être déterminées par les formules que nous avons trouvées.

VI. — Appareil régulateur.

Dans le mouvement ascendant du système, la pression extérieure diminue à mesure que l'appareil remonte. Pour maintenir l'équilibre entre cette pression et celle que supportent intérieurement les parois du tube, il faut sur ces parois établir des soupapes qui permettent l'échappement du gaz.

Ces soupapes s'ouvrent de dedans en dehors dès que la pression des gaz excède la pression de l'eau augmentée de celle de l'atmosphère. Pour que le débit soit suffisant, il faut que la somme des sections d'orifice soit calculée suivant la dépense exigée de gaz dans le temps que dure le mouvement.

Or, cette dépense est considérable, car elle est égale au volume du cylindre multiplié par la différence entre la pression au fond de l'eau et la pression atmosphérique. En outre, le temps de l'ascension est relativement assez petit. Dans l'unité de temps, le débit de gaz restera donc très grand. Mais en vertu de la contraction de la veine fluide, sortant par un orifice en minces parois, la dépense réelle n'est guère que la moitié de la dépense théorique (expériences de MM. Minary et Resal). Donc, à plus forte raison, la somme des sections d'ouverture des soupapes doit être tellement grande que, en cherchant à satisfaire à cette condition, on compromettrait la résistance que doivent conserver au moins les parois du tube.

Il a donc fallu trouver un moyen accessoire de se débarrasser du volume de gaz en excès et nuisible par l'augmentation de pression qu'il produit. Ce moyen consiste dans un appareil régulateur ajouté au cylindre.

Cette appareil se compose essentiellement d'une caisse contenant une dissolution ammoniacale. Au centre de cette caisse est un canal, dans lequel se meuvent deux pistons, arrêtés dans leur course, l'un par des arrêts qui l'empêchent de sortir dans l'eau, l'autre par des arrêts qui l'empêchent d'échapper du côté du gaz.

Entre ces deux pistons, le canal est percé d'ouvertures communiquant avec la caisse à dissolution. Si la pression intérieure devient plus grande que la pression extérieure, le piston intérieur est repoussé, laisse à découvert les orifices de communication avec la boîte à dissolution et permet aux gaz de se précipiter sur l'ammoniaque. Là se passe une réaction inverse de celle qui a produit le gaz.

La combinaison de l'acide carbonique avec l'ammoniaque produit un corps moins volumineux que l'acide composant, une partie du volume en excès est absorbée et dès que l'équilibre est rétabli, la pression extérieure sur le piston extérieur arrête la précipitation du gaz dans la caisse à réaction.

Les principes qui nous ont permis de calculer le volume des réactifs nécessaires pour la production du gaz, nous serviraient, ici encore, à déterminer la quantité de dissolution ammoniacale capable d'absorber un volume donné d'acide carbonique. Mais nous n'insisterons pas sur ce calcul élémentaire. Nous ferons seulement observer que la pression du gaz et son arrivée brusque et violente dans la dissolution, faciliteront la combinaison désirée.

VII. — Dispositif pour saisir le navire. Conditions auxquelles on doit satisfaire dans l'application de la ceinture de sauvetage.

Il ne suffit pas d'improviser un appareil capable de produire sur le liquide une action telle que la réaction soit assez considérable pour soulever de lourds fardeaux. Il faut encore que cette force produite soit appliquée convenablement à l'épave que l'on veut sauveter, de manière que le centre de gravité du système, sollicité par une force verticale, plus grande que celle qui l'a fait descendre, revienne à la surface de l'eau.

En d'autres termes, il faut que l'appareil moteur soit appliqué aux flancs du navire d'une façon assez invariable pour que la force qu'il produit agisse sur l'ensemble du système. Cette application présente de grandes difficultés pratiques, et même, au premier abord, semble impossible à réaliser.

Cependant, si l'on veut examiner de près la question, on verra qu'elle peut être simplifiée, en adaptant judicieusement, à certaines parties des flancs du navire, des surfaces qui, répartissant la pression et développant une force de frottement, permettront l'adhérence de l'appareil et du navire. En effet, supposons le cylindre moteur muni de fermes solides, placées de distance en distance, et ces fermes, reliées deux à deux par des charpentes s'appliquant exactement aux flancs du navire avec lesquels elles sont en contact suivant une surface de S centimètres carrés.

Si l'on appelle Φ la force de poussée totale, produite par le cylindre, cette force pourra être considérée comme la somme de composantes parallèles, dont l'intensité, sur chaque centimètre carré, sera d'autant moindre que S sera plus grand.

Appelons φ une de ces composantes verticales de la poussée, agissant sur une surface de contact égale à 1 centimètre carré. Désignons par α l'angle aigu que fait la surface considérée (supposée plane sur une si petite étendue) avec la direction de la verticale. La force φ sera décomposée en deux forces, l'une normale à la surface et égale à

$$N = \varphi \sin. \alpha;$$

l'autre, parallèle à la surface et égale à

$$G = \varphi \cos. \alpha$$

Or, la force N comprimera les flancs du navire et devra être maintenue inférieure à la pression capable de produire une déformation de la coque. Ce résultat sera facilement obtenu en diminuant φ et, par conséquent, en augmentant convenablement l'étendue S des surfaces de contact.

Quant à G, c'est une force qui tendra à faire glisser la surface portée par l'appareil sur la surface correspondante de la coque. Mais cette force donne naissance à une réaction, force de frottement, qui, dans bien des cas, empêche le mouvement de glissement. Si l'on appelle f, le coefficient de frottement, on a pour expression de la susdite réaction :

$$N f = \varphi \sin. \alpha f.$$

Pour que le mouvement n'ait pas lieu, il faut que

$$\varphi . \sin. \alpha f > G$$

ou $$f. \sin. \alpha > \cos. \alpha, \text{ ou encore } \operatorname{tg} \alpha > \frac{1}{f}$$

Mais f n'est autre chose que la tangente de l'angle de frottement θ; donc, on doit avoir :

$$\operatorname{tg} \alpha > \operatorname{tg} (90° - \theta)$$

ou

$$\alpha > (90° - \theta)$$

Ce qui prouve que, lorsque l'angle aigu de la direction de la surface de contact avec la verticale sera plus grand que le complément de l'angle de frottement, l'action de la composante G n'aura d'autre effet que de produire une réaction de frottement qui empêchera le glissement de la surface de l'appareil sur la surface du navire.

Si, au contraire, on a

$$\alpha < (90° - \theta)$$

il y aura glissement, en vertu d'une force égale à

$$\Psi = G - N f = \varphi \{ \cos. \alpha - \sin \alpha \operatorname{tg} \theta \} = \varphi \frac{\cos. (\alpha + \theta)}{\cos. \theta}$$

(on a $\cos. (\alpha + \theta) < \cos. \theta$ donc $\Psi < \varphi$)

Dans ce cas, il faudra, par des amarres placées au-dessous de la surface glissante et reliées au navire, produire une résistance égale à Ψ qui empêchera le mouvement de glissement de se produire.

Cela posé, si l'on considère un navire et que l'on suppose qu'il ait été divisé par des sections perpendiculaires à son axe longitudinal, on verra que, en vertu de l'acuité, généralement donnée aux formes à l'avant et à l'arrière, l'angle moyen α du plan tangent aux parties inférieures de la section avec la verticale, est un angle qui va en augmentant de l'avant au maître-bau et, en diminuant, du maître-bau à l'arrière.

C'est donc à l'avant et à l'arrière surtout qu'il sera nécessaire de fixer des amarres pour empêcher le mouvement de glissement. Mais dans ces deux parties la fixation des amarres ne présentera pas des difficultés pratiques insurmontables.

Au contraire, vers le maître bau, il faut à tout prix produire, par la nature des surfaces en contact, un frottement capable de faire équilibre à la force de glissement. Cela aura lieu facilement si le navire est en bois; mais s'il est en fer, à moins que le fond ne soit assez plat, il sera bien difficile, sinon impossible, d'éviter le glissement. Alors il faudra chercher à fixer un grand nombre d'amarres, formant réseau, à des saillies inférieures. Ce sera un long et dispendieux travail sans doute; mais il paraît difficile de l'éviter.

Nous avons fait précéder la description succincte du procédé de saisie du navire par les quelques réflexions que nous venons d'écrire, afin de bien montrer que si le système proposé par l'inventeur n'est pas irréprochable, cependant, grâce à des manœuvres accessoires et à une connaissance préalable des formes du navire échoué, il sera possible, sans doute, quoique avec des frais plus considérables, de soulever l'épave que l'on désire sauveter,

4

L'inventeur suppose que le plan du navire lui est connu; que, grâce à ce plan, il peut disposer sur l'armature de son appareil des surfaces ou planchers qui coïncideront avec les parois extérieures du navire. L'appareil, ainsi apprêté, est conduit flottant sur le lieu du sinistre, à l'aide d'un remorqueur. Le plongeur descend sur l'épave et mouille une ancre à une distance calculée de l'arrière. Cette ancre est reliée au remorqueur par une chaîne qui sert de directrice aux parties postérieures des deux cylindres, assemblés comme il a été dit pour le premier système de sauvetage proposé par M. le comte A. Dillon. Les deux cylindres, disposés de manière que leurs axes forment un angle obtus, sont immergés. Ils portent, à leur partie antérieure, des chaînes et des palans. Une des chaînes est fixée à l'un des appareils et enroulée sur la poulie attachée à l'autre. La seconde chaîne est placée symétriquement. On peut donc du remorqueur agir simultanément sur ces amarres et rapprocher les deux appareils jusqu'à leur superposition parfaite avec la coque du navire. Ce rapprochement effectué est maintenu stable par une disposition particulière des chaînes.

Le navire est saisi comme dans de véritables mâchoires consolidées, pour empêcher le glissement sur les parois, lors de l'ascension, par des dispositifs accessoires.

Il n'est pas douteux qu'une semblable saisie sera toujours une opération délicate que l'on réussira rarement au premier essai, et à laquelle viendront d'ailleurs s'ajouter bien d'autres difficultés pratiques. Car la manœuvre que nous venons d'indiquer suppose implicitement que le navire échoué repose par sa quille sur le sol, et cette hypothèse est fictive. Le navire coulé sera au contraire renversé sur l'un de ses flancs.

Dans ce cas ordinaire de la pratique il faudra évidemment, avant d'appliquer la ceinture de sauvetage, faire une opération préliminaire. On ajustera un des appareils au côté du navire qui est le plus près du sol. Dès que cette fixation, pratiquement difficile il est vrai, aura été faite, la production d'une quantité calculée de gaz déterminera un mouvement ascendant de l'appareil et permettra de donner quartier au navire. On replacera ainsi le bâtiment échoué de manière qu'il repose sur sa quille et puisse être soumis à l'opération de saisie indiquée plus haut.

Au point de vue théorique, M. le comte A. Dillon a étudié avec soin la manière d'appliquer cette ceinture de sauvetage dont la dilatation doit ramener le navire à flottaison. Malheureusement, jusqu'à présent il n'a pu l'expérimenter que sur un appareil de petites dimensions. Cependant il faut bien le dire, il y a dans une semblable question des difficultés pratiques que la théorie ne peut apprécier ni prévenir. L'expérience, et l'expérience sur de grands appareils, peut seule compléter les travaux de l'inventeur, qui, nous l'espérons, saura vaincre les résistances secondaires et montrer aux plus incrédules la réussite d'un sauvetage sérieux.

VIII. — Établissement d'un appareil destiné à soulever un navire de grandes dimensions. — Essai de la détermination du prix de revient approximatif de l'appareil. — Prix d'une opération de sauvetage dans le cas où la profondeur d'immersion est maximum, c'est-à-dire 50 mètres. — Comparaison entre ce prix et celui des valeurs sauvetées.

Nousavons, jusqu'ici, examiné rapidement les principes scientifiques sur lesquels repose l'appareil de sauvetage soumis à notre appréciation. Nous allons essayer d'appliquer ces principes à des données numériques et de nous rendre compte approximativement du rendement économique du procédé proposé.

Nous supposerons un cas extrême, celui d'un steamer transocéanique échoué à une profondeur de 50 mètres. Ce steamer a une coque et un chargement dont la somme des poids, dans l'air, s'élève à 3,600,000 kilogrammes.

En adoptant les notations employées dans les formules précédemment déterminées, nous avons

$$P = 3{,}600{,}000 \text{ kil.}$$

Nous supposerons $D = 3$, ainsi que nous l'avons fait dans les applications numériques essayées. De plus, la longueur du steamer étant environ 86 mètres, nous prendrons comme longueur totale de l'appareil 90 mètres, dont un sixième (soit 15 mètres) sera occupé par le cylindre de sûreté placé au milieu. Il restera donc, pour la longueur du cylindre moteur,

$$l = 75^{m}$$

Portant ces valeurs dans l'équation (5), il vient, pour le rayon r du cylindre moteur

$$r = \sqrt{\frac{120000}{75.\pi}} = 22^{\text{déc}},5 = 2^{m}\,25$$

D'où il suit qu'il est nécessaire, pour effectuer l'opération, de se servir de deux cylindres moteurs dont la longueur soit 75 mètres et le rayon 2 mètres 25.

C'est dans l'intérieur de ces cylindres que le gaz doit être comprimé. Au lieu de pistons mobiles, difficiles à ajuster, l'inventeur propose l'emploi de sacs en caoutchouc se dilatant ou s'affaissant suivant le sens de la pression. Ces sacs ont les bords pincés dans les parois du cylindre et possèdent une résistance suffisante pour remplacer ces parois sur un tiers au moins de la longueur donnée au cylindre moteur.

Si donc, ainsi que cela est utile pour la détermination du cylindre de sûreté, nous voulons calculer le poids du cylindre moteur, nous prendrons, pour le poids cherché, celui d'un tube en tôle de fer ayant pour rayon 2^m25, pour longueur $2/3\ 75^m = 50^m$ et pour épaisseur des parois 4^{mm}.

Les tables nous apprennent qu'une tôle de 4^{mm} d'épaisseur pèse 31 kil. 154 par mètre carré de surface. Donc

$$p = 2\pi \times,\ 2^m25 \times 50^m \times 31{,}154 = 22{,}022 \text{ kil.}$$

Soit 7, 8 la densité du métal des parois, on a la relation

$$U = \frac{22022}{7{,}8} = 2824 \text{ k.}$$

Afin d'avoir la valeur du coefficient B, il faut non-seulement connaître les poids p et U, il faut encore savoir quel est le poids μ des réactifs nécessaires à la production du gaz.

Supposant que le gaz est produit par la réaction de l'acide sulfurique sur le bicarbonate de soude, d'après ce que nous avons déjà dit à ce sujet, on a

$$\mu = 2{,}8227\ \pi$$

π étant le poids du gaz acide carbonique que l'on doit dégager.

Or, ce poids π, exprimé en grammes, est donné par la formule

$$\pi = \text{V.}\ n.\ 1{,}293 \times 1{,}529$$

dans laquelle V est le volume en litres du cylindre moteur, et n la pression, en atmosphères, que supporte un corps plongé au fond de l'eau. Dans l'hypothèse actuelle, $n = 6$ environ. De plus, nous ferons abstraction de l'élévation de température produite par la réaction chimique, et dont l'influence sera à l'avantage des opérateurs. On a

$$V = \pi\, l\, r^2 = 1200000 \text{ litres}$$

donc

$$\pi^{gr} = 1200000 \times 6 \times 1{,}293 \times 1{,}529$$

et

$$\mu^{gr} = 2{,}8227 \times 1200000 \times 6 \times 1{,}293 \times 1{,}529$$

ou, en effectuant les calculs,

$$\mu = 40180 \text{ kil.}$$

Connaissant p, U et μ, il vient :

$$B = p + \mu - U = 59378 \text{ k.}$$

La longueur du cylindre de sûreté est

$$l' = 15^m$$

et son rayon est donné par l'équation

$$\rho^2 - 2E\frac{d-1}{1-\delta}\rho - E^2\frac{d-1}{1-\delta} - \frac{B}{\pi l'(1-\delta)} = 0$$

dans laquelle

$E = 0^d 03 + 0{,}09\,\rho$ (ρ exprimé en mètres)
$d = 7{,}8$
$\delta = 0{,}004$ si l'on suppose que le gaz comprimé est de l'air à la tension de trois atmosphères.

De cette équation, on tire :

$$\rho^2 = \frac{B'}{\pi l'(1-\delta)} + E\frac{d-1}{1-\delta}(2\rho+E)$$

ou, en négligeant δ devant l'unité.

$$\rho^2 = \frac{B}{\pi l'} + E(d-1)(2\rho+E)$$

Mais E est petit par rapport à ρ, et par suite $E(2\rho+E)$ est une surface petite par rapport à ρ^2. En négligeant sa valeur et prenant

$$\rho^2 = \frac{B}{l'}$$

nous sommes certains de satisfaire amplement aux conditions exigées par le problème.

Or, on a

$$B = 59378^{k}, \quad l' = 150^{dec}$$

donc

$$\rho = \sqrt{\frac{59378}{150}} = 19^{dec},9$$

On trouve ainsi, pour le rayon du cylindre de sûreté une valeur moindre que pour le rayon du cylindre moteur. Nous supposerons néanmoins ces deux rayons égaux et d'une longueur $= 2^{m}25$. Cela nous donnera, pour le cylindre de sûreté, un poids évidemment trop considérable.

Faisant donc $\rho = 2^{m}25$, il vient

$$E = 3^{mm} + 9^{mm} \times 2.25 = 23^{mm}$$

Or, une tôle de 23^{mm} pèse environ 180 k, par mètre carré.

Donc le cylindre de sûreté pèsera environ un poids

$$p' = 2\pi \times 2.25 \times 15 \times 180 = 38,170 \text{ k}$$

Ce nombre est beaucoup trop fort; car dans la pratique, on diminuerait la longueur l' de manière à arriver sensiblement, au moyen du calcul approximatif que nous avons fait, à l'égalité des valeurs des rayons ρ et r. Mais ici nous exagérons toutes les quantités avec intention; car nous n'avons pas le dessein d'établir un état estimatif; nous cherchons une méthode rapide et facile, permettant une critique relativement assez exacte.

Nous avons ainsi obtenu, pour chaque partie de l'appareil, un poids de cylindre moteur.

$$p = 22,022^{\text{k}}.$$

et un poids de cylindre de sûreté

$$p' = 38,170^{\text{k}}.$$

Il faut encore ajouter à ces nombres ce que pèse la caisse, supposée en métal, et qui contient les réactifs.

Le poids des matières employées a été trouvé égal à $40,180^{\text{k}}$. En vertu de l'équation chimique, qui représente la réaction, on sait que, sur $1,552^{\text{k}}5$ de réactifs, il y a 940^{k} de bicarbonate de soude et $612^{\text{k}}5$ d'acide sulfurique. Par conséquent le poids $40,180^{\text{k}}$ se compose

de $\dfrac{40180}{1552,5} \times 940 = 24328$ k. de bicarbonate de soude

et de 15852 k. d'acide sulfurique.

Un poids de 24328 k. de $NaO\,2CO^2$ occupe un volume

de $\dfrac{24328}{0,92} = 26443$ litres ($0,92$ = densité de $NaO2CO^2$)

et le poids de 15852 k° de SO^2HO occupe un volume égal

à $\frac{15852}{1,84} = 8615$ litres (1,84 = densité de SO^3HO)

Supposons que l'on ajoute, pour faciliter la combinaison, un volume d'eau égal à 1/3 du volume de $NaO2CO^2$, soit

8814 litres

et nous en conclurons que la capacité de la caisse contenant le bicarbonate devra être 35257 litres, et que celle de la caisse à acide sulfurique devra contenir 8615 litres.

Si ces caisses sont cubiques,

Le côté de la 1re sera 29dec793

Et celui de la 2e 20dec500

et le développement des parois sera

Pour la 1re 5325 dq 5 = 53 mq 255
Et pour la 2e 2521 dq 5 = 25 mq 215

ce qui donne un total de surface de tôle = 78 mq 470

En admettant une épaisseur moyenne de 5 à 6mm (épaisseur suffisante) on a par mètre carré, le poids 40 k.

Les caisses ajouteront donc un poids de tôle de fer égal à 3140 k.

D'après ces calculs, le poids total de tôle employé sera

1° Pour le cylindre moteur......	22022 k.
2° Pour le cylindre de sûreté....	38170 k.
3° Pour les caisses à réactifs.....	3140 k.
Total....	63332 k.

ou, en nombre rond, 633 quintaux ; soit, pour l'appareil complet, 1266 quintaux.

Le quintal de tôle, coûtant de 30 à 35 francs, il s'ensuit, pour la dépense des matières premières, la somme de 27980 francs.

Mais il ne suffit pas de se procurer cette matière première, il faut encore la travailler, mettre des soupapes, ajuster des sacs en caoutchouc, etc.

Exagérant, outre mesure, cette main-d'œuvre, admettons que le prix de revient atteigne celui des produits industriels les plus complexes, et s'élève à 2 fr. le kilogramme de tôle ou 200 fr. le quintal. Cette estimation portera la dépense à la somme de 240,000 fr. environ. Ajoutons encore, si l'on veut, 160,000 fr. pour frais de caisses, agrès, etc., et nous arriverons à un total évidemment beaucoup trop fort et cependant ne dépassant pas 400,000 fr.

Voyons maintenant quel sera le prix d'une opération

Il faut, par chaque cylindre, un volume de gaz produit par

24,328 k. de bicarbonate de soude à 80 c.	19,462 f.	40
15,852 k. de So^3HO à 35 c.	5,548	20
Total.	25,010	60

en nombre rond, 25,000 fr. pour un cylindre, et par conséquent 50,000 fr. pour l'appareil entier.

A ce nombre, ajoutons l'intérêt, l'usure, l'amortissement, les dégradations de l'appareil, et portons le total de ces fractions au rapport exagéré de 25 0/0 du prix de revient. Nous trouverons 100,000 fr.

Accordons encore 50,000 francs pour les fermes et les surfaces d'appui et 50,000 francs pour les frais de main-d'œuvre, pour la location du remorqueur et sa consommation de charbon, enfin pour les dépenses imprévues. Malgré toutes ces exagérations, nous arrivons seulement à la somme de 250,000 francs.

Or, un steamer, comme celui que nous avons considéré, représente, avec son chargement une valeur d'environ 4 millions de francs. Les frais du sauvetage ne semblent donc pas devoir dépasser 6 1/4 0/0 de la valeur des matières sauvetées.

Dans cet aperçu des dépenses, nous avons augmenté plutôt que diminué les frais probables (1) ; si nous sommes, malgré nous, restés encore en dessous de la vraie estimation, cela ne peut provenir que de ce que nous sommes obligés de faire abstraction de difficultés pratiques impossibles à prévoir dans l'état actuel de la question. Ainsi que nous l'avons répété plusieurs fois dans cette étude, il manque à notre appréciation des données expérimentales que nous ne pouvons malheureusement improviser. Quoi qu'il en soit, le rapport 6 0/0 nous paraît éloquent dans le cas extrême où nous nous sommes placés. Fût-il même augmenté du double, il nous paraîtrait encore satisfaisant et capable de donner quelque espérance aux propriétaires de navires.

(1) Dans les calculs précédents, nous avons beaucoup exagéré les prix des réactifs. Ainsi, nous avons admis que :

Le bicarbonate de soude coûtait 0 fr. 80 le kilog.
et l'acide sulfurique. . . . . 0 35 id.

Or, nous trouvons dans les annales du génie civil, que les prix courants de ces matières sont actuellement à Paris :

Pour le bicarbonate de soude. 0 fr. 40 le kilog.
Pour l'acide sulfurique. . . . 0 13 id.

Nous avons, en nous servant du premier tarif, calculé que le prix de 550 kilogr. d'acide carbonique était 966 fr. 375.

En nous servant du nouveau tarif, nous avons :

940 k. de $NaO\,2CO^2$	à 0 fr. 40.	376 fr. 000
612 k 5 de $SO^3.HO$	à 0 fr. 13.	79 625
	Total. . . .	455 625

Le rapport des dépenses est donc $\frac{455,625}{966,375} = 0,4715$ et prouve que, dans notre estimation, le prix des réactifs porté 50,000 fr. est au moins le double du prix réel.

IX. — CONCLUSION

Ce mémoire n'est qu'un abrégé des travaux que nous avons entrepris sur la question importante du sauvetage des navires. Mais il suffira, nous l'espérons, pour montrer que l'appareil, présenté, par M. le comte A. Dillon, au comité des expériences de la classe 66 *bis*, réalise un progrès incontestable. Jusqu'ici les systèmes proposés étaient des indications vagues, laissant à l'initiative de chaque sauveteur la détermination précise du meilleur moyen à employer. Aujourd'hui ce vague, s'il n'a pas complètement disparu, a, du moins, beaucoup diminué. Sans doute on ne peut encore dire, tant que l'expérience n'aura pas apporté sa confirmation indispensable, que l'on retirera facilement un gros bâtiment échoué, sous l'eau, à une grande profondeur. Mais assurément, la probabilité de réussir, dans une entreprise aussi difficile, augmente de plus en plus.

M. le comte Dillon, comprenant que les études théoriques n'étaient pas suffisantes, a fait des expériences à l'aide d'un appareil de petites dimensions. Cet appareil avait été construit de manière à pouvoir soulever environ 1,000 kilogrammes. Appliqué aux flancs d'un bateau, chargé de charbon et coulé préalablement dans la Seine, à un endroit où la profondeur était 10^{m} environ, il a relevé le système à la surface de l'eau.

Le bateau, soutenu par sa ceinture de sauvetage, a apparu flottant comme un navire sans avaries, et a pu facilement être remorqué, malgré le grand courant qui agissait au lieu de l'expérience.

Les essais nombreux, faits par l'inventeur à l'aide de son appareil, ont permis de perfectionner le système, en le rendant de plus en plus pratique. Ils ont, en outre, ouvert une voie nouvelle d'expérimentation, par laquelle seront élucidées bien des questions importantes d'hydraulique. La loi de résistance des liquides au mouvement des corps plongés, ne pourra-t-elle pas se dégager de phénomènes maintenant si faciles à observer?

En résumé, l'étude sérieuse, faite par M. le comte Dillon, des conditions d'équilibre de la masse immergée, le resultat, essentiellement pratique qu'il obtient, de l'immersion horizontale de l'appareil, enfin l'établissement de ce cylindre de sûreté, qui n'a pas besoin d'une résistance propre, mais qui est consolidé par la tension des gaz, sont des inventions qui méritent, à la fois, l'attention des savants et celle des hommes pratiques qui s'intéressent aux questions maritimes.

EDGARD POTHIER

Capitaine d'artillerie, membre du Comité des Expériences de la Classe 66 bis.

Paris. Typ. Jutes-Jouteau et fils, r. St-Denis, 341.

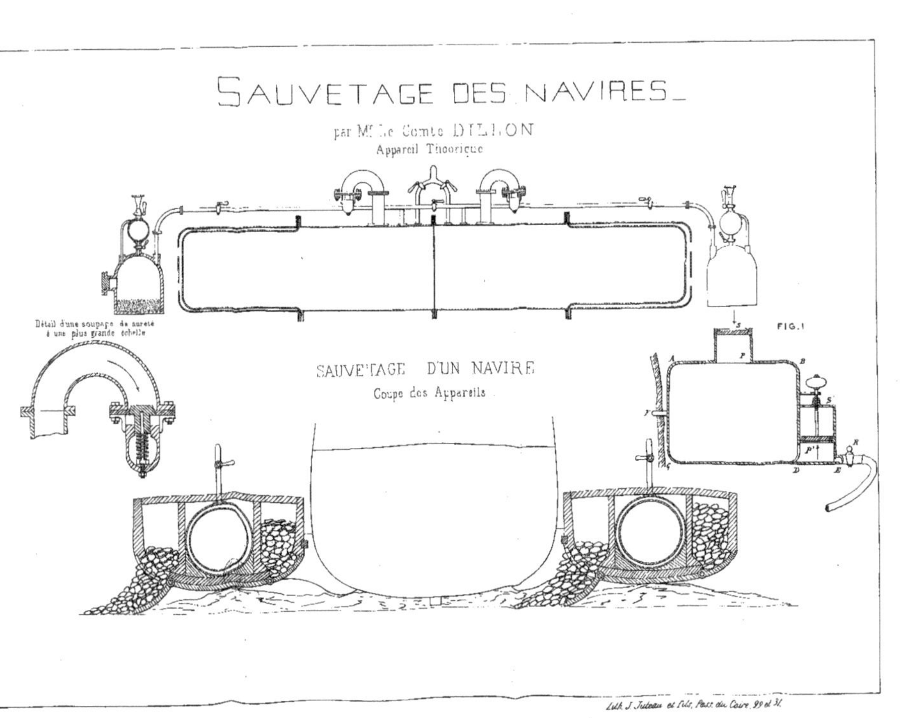
SAUVETAGE DES NAVIRES
par Mr le Comte DILLON
Appareil Théorique
Détail d'une soupape de sureté
à une plus grande échelle
SAUVETAGE D'UN NAVIRE
Coupe des Appareils
FIG. 1
A
B
P
S
S'
F
C
D
E
R
P'
Lith. J. Juteau et Fils, Pass. du Caire, 29 et 31.

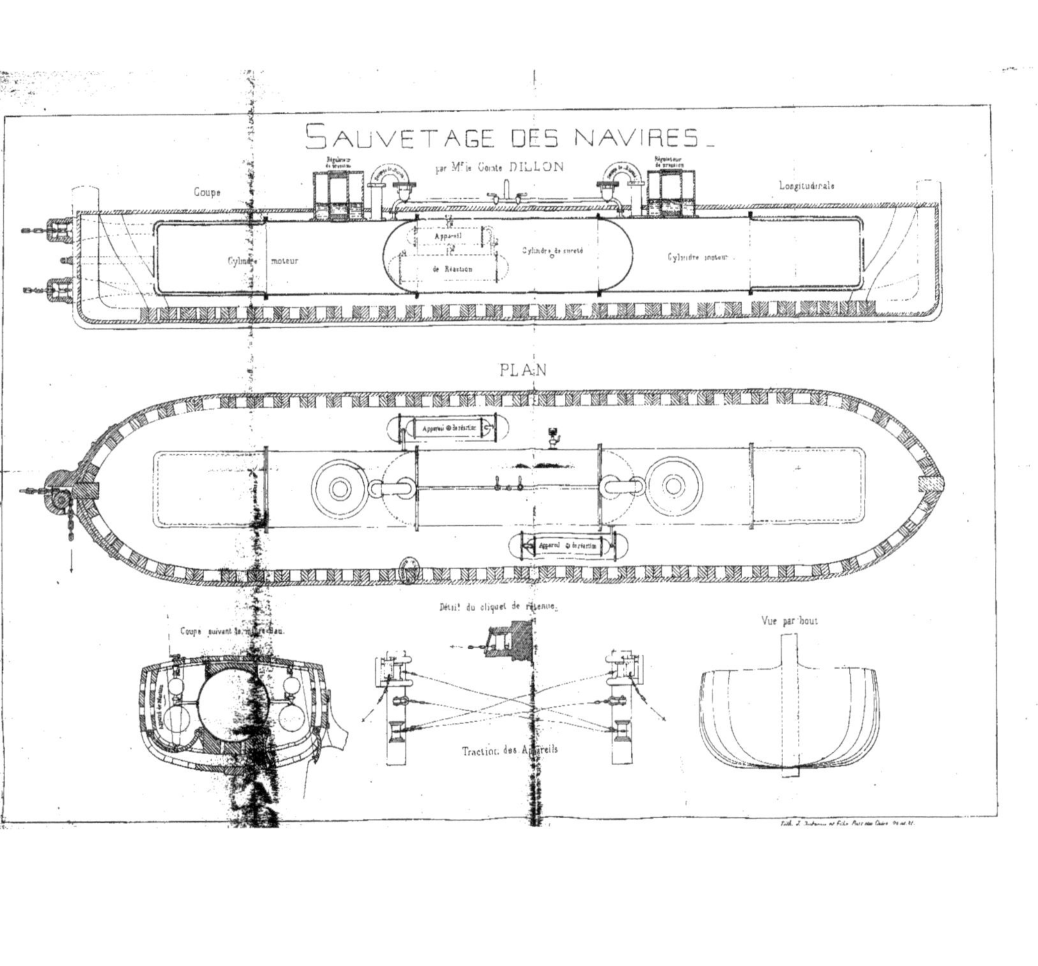
SAUVETAGE DES NAVIRES
par Mr le Comte DILLON
Coupe
Longitudinale
Cylindre moteur
Appareil
de Réaction
Cylindre de sureté
Cylindre moteur
PLAN
Vue par bout
Traction des Appareils

www.ingramcontent.com/pod-product-compliance
Ingram Content Group UK Ltd.
Pitfield, Milton Keynes, MK11 3LW, UK
UKHW012103240726
13965UKWH00004B/1509

9 782013 057608